Hallo
und
guten Tag!

Hast du Lust auf 20 bis 30 Minuten Lernspaß? Dann schlage einfach eine Doppelseite auf. Du findest eine Menge Interessantes und Spannendes zu vielen Sachgebieten aus aller Welt. Zum Lesen, zum Rechnen und zum Nachdenken. Besorge dir ein Extra-Rechenheft, in dem du rechnen, Schaubilder zeichnen und Tabellen aufstellen kannst. Die Lösungen kannst du meist direkt ins Heft eintragen.

Wenn du eine Doppelseite fertig hast, kontrolliere deine Ergebnisse im Lösungsteil. Wenn du eine Aufgabe noch nicht lösen kannst, überschlage sie einfach und versuche es später noch mal.

Die witzigen Kobolde Wupps und Wanda, die Paul Maar für dieses Heft gezeichnet hat, findest du im Heft verstreut. Auf Seite 32 hat er außerdem eine ganze Seite für dich gestaltet. Und wer Wupps und Wanda an seine Wand hängen möchte, der soll mal auf die hintere Umschlagklappe schauen …

Viel Spaß und viel Erfolg!

Grosse weite Welt

1

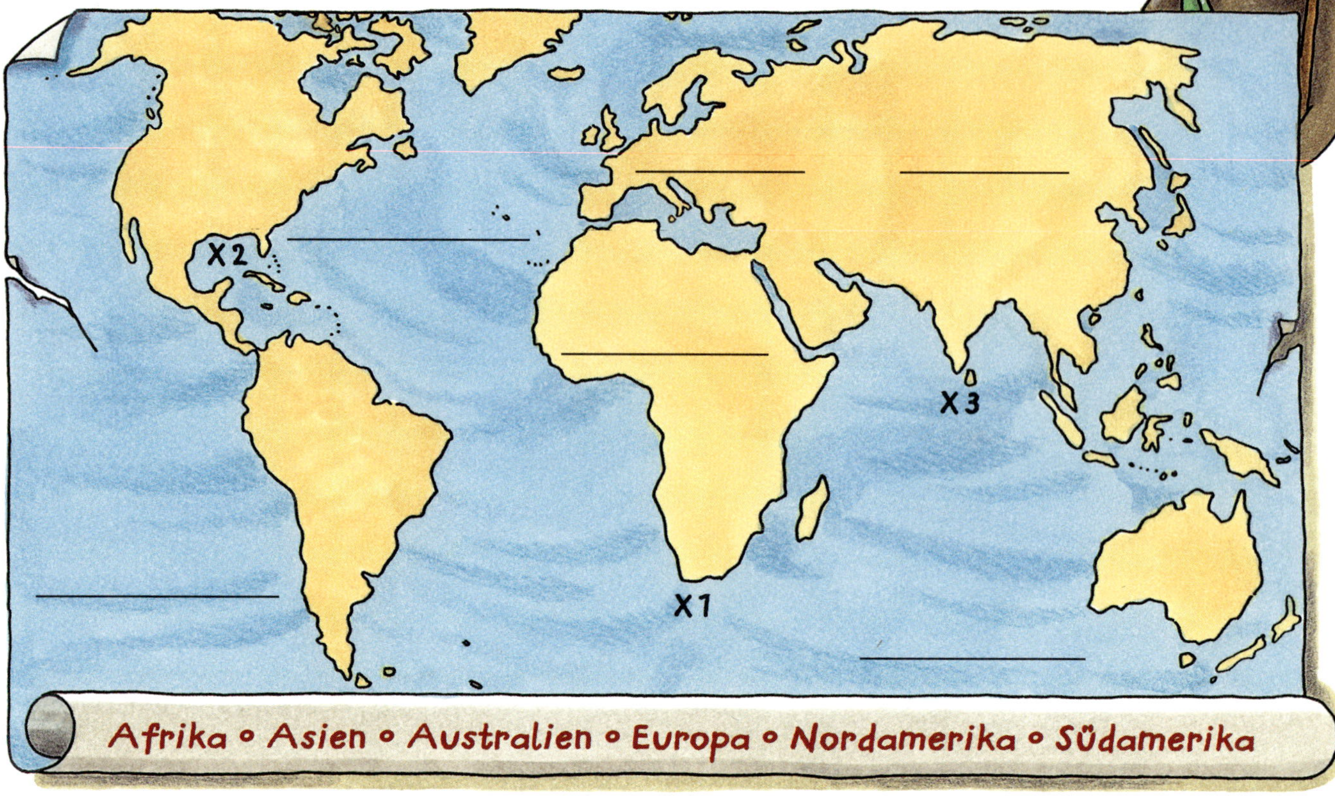

Trage die Namen der Kontinente in die Karte ein. Wo ist Westen, wo Osten auf der Karte? Welcher Kontinent ist wohl der größte?

2

Ein Quadratkilometer (km²) ist 1 km lang und 1 km breit. Jeder der 6 Kontinente ist mehr als 1 Million Quadratkilometer groß: Nordamerika über 23, Südamerika fast 18, Europa über 10, Afrika über 30, Asien über 44, Australien knapp 8 Millionen km².

Ordne die Kontinente nach ihrer Größe. Wie groß sind die Unterschiede zwischen den einzelnen Kontinenten (in km²)? Wie oft passt Europa ungefähr in Afrika, wie oft passt Australien ungefähr in Nordamerika? Schätze zuerst und rechne dann nach.

3

1488 segelt Bartholomeo Diaz um die Südspitze von Afrika. Er nennt sie das „Kap der Stürme" (X ...). 1492 erreicht Christoph Kolumbus Amerika (X ...). Er denkt, es ist Indien. 1498 landet Vasco da Gama an der „Pfefferküste" in Indien (X ...) nach einem langen Weg um Afrika herum.

Christoph Kolumbus

Welches X auf der Karte gehört zu welchem Seefahrer? Schreibe es in die Klammer.
Wie viele Jahre ist das alles her?
Was wollten diese Leute wohl in Indien?

4 Im April 1909 kam Robert Peary als erster Mensch dem Nordpol sehr nah. Der Tag, an dem Roald Amundsen als erster Mensch den Südpol erreichte, war der 16. Dezember 1911. Heute überfliegen regelmäßig Verkehrsflugzeuge den Nordpol.

Wie viele Jahre sind seit dem Erreichen der Pole vergangen?
Zwischen welchen Kontinenten fliegen die Verkehrsflugzeuge, wenn sie den Nordpol überfliegen?

5 Unter dem Eis der Arktis, am Nordpol, ist Wasser. Unter dem Eis der Antarktis, am Südpol, ist Land. Die Antarktis wird auch der „siebte Kontinent" genannt, denn sie ist über 12 Millionen km² groß.

Vergleiche mit Hilfe der Größenangaben auf Seite 2 die Antarktis mit den anderen Kontinenten: Welche Stelle nimmt sie ein?
Berechne den Flächenunterschied zwischen dem kleinsten Kontinent und der Antarktis und zwischen dem größten Kontinent und der Antarktis in Millionen km².

6 Die Oberfläche der Erde beträgt etwa 510 Millionen km². Davon sind 148 Millionen km² Land. An den Polen ist die Erdkugel etwas abgeplattet.

Wie groß ist der Anteil der Wasseroberfläche?
Berechne den Flächenunterschied zwischen Wasser und Land. Um wie viele Kilometer unterscheidet sich der Erddurchmesser zwischen den Polen von dem am Äquator?

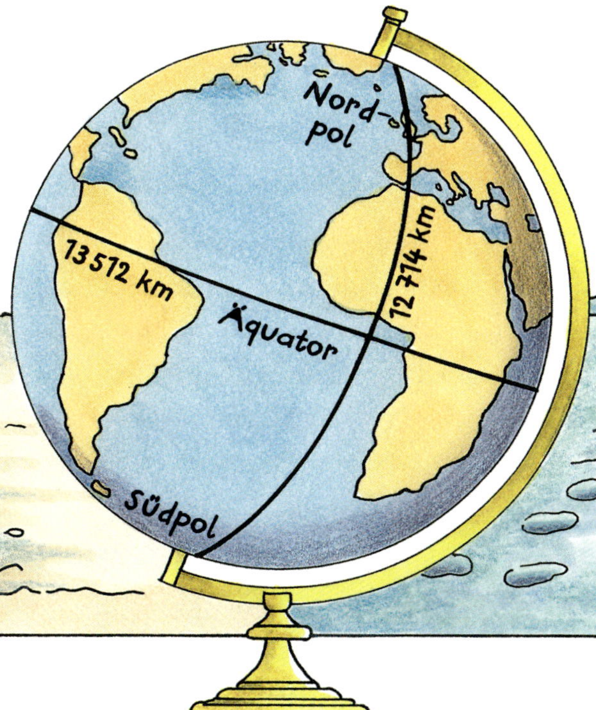

Die Erdbevölkerung

1 Auf der Erde leben fast 6.000 Millionen (= 6 Milliarden) Menschen.

Zu welchen Kontinenten gehören die Bilder? (2) Europa (5) Nord-Amerika

(3) Afrika (6) Australien (4) Asien (2) Süd-Amerika

2

(Maßpfeil, 4 mm entsprechen 100 Millionen Einwohner)

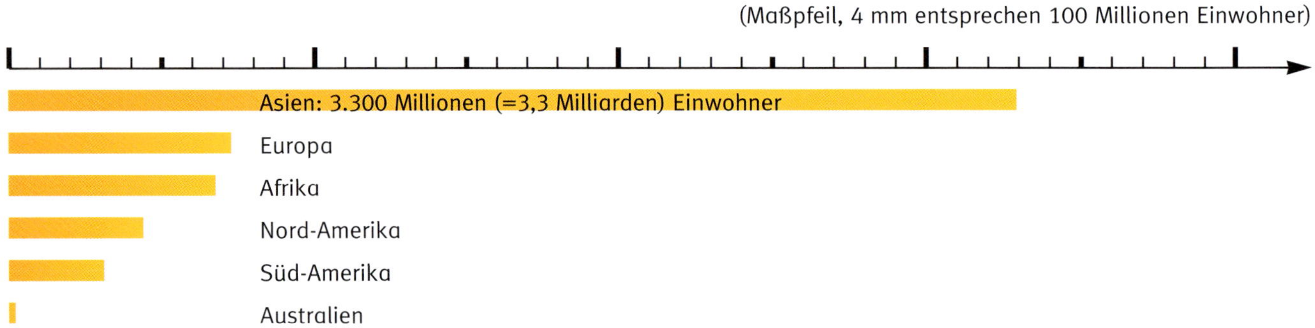

Lege ein Lineal vom Ende jeden Streifens aus senkrecht nach oben bis zum Maßpfeil. Lies die ungefähren Einwohnerzahlen für jeden Kontinent ab. Schreibe sie hinter die Namen. Der Abstand zwischen zwei Strichen auf dem Maßpfeil bedeutet immer 100 Millionen Einwohner.
Vergleiche deine Zahlen mit denen im Lösungsteil.

Berechne die Unterschiede zwischen den Bevölkerungszahlen von Asien und denen von Europa, von Südamerika und von Nordamerika. Schätze, wie groß der Unterschied zwischen Asien und Afrika ist und rechne dann aus.

Hat Australien wohl mehr oder weniger Einwohner als Deutschland? Schau auf Seite 5 nach und berechne den Unterschied.

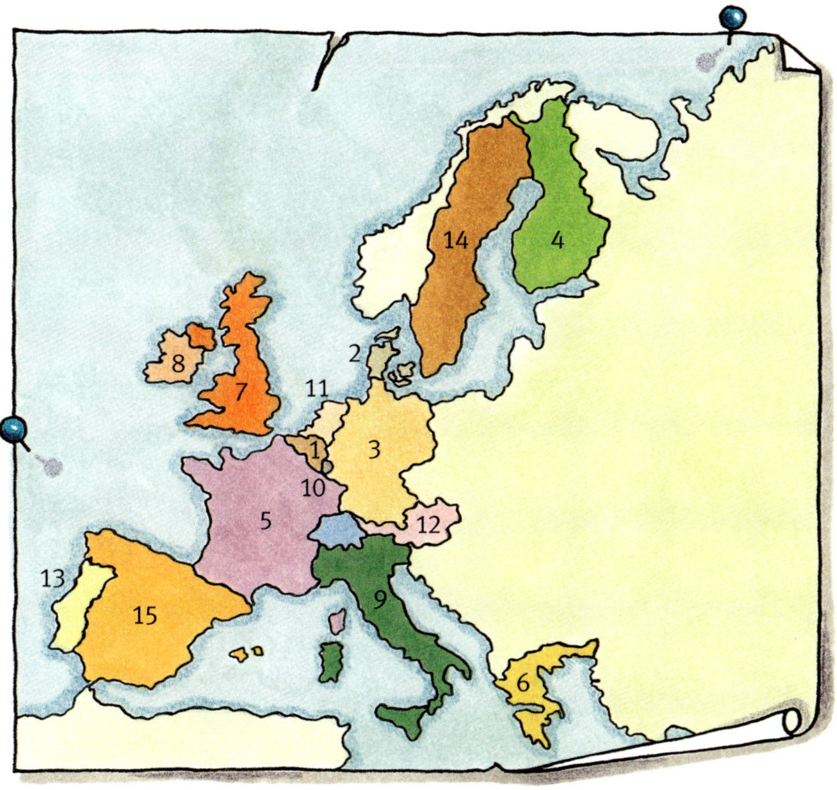

Die Mitgliedstaaten der Europäischen Union haben so viele Einwohner (gerundet):

1	=	Belgien	10 Millionen
2	=	Dänemark	5 Millionen
3	=	Deutschland	82 Millionen
4	=	Finnland	5 Millionen
5	=	Frankreich	58 Millionen
6	=	Griechenland	10 Millionen
7	=	Großbritannien	58 Millionen
8	=	Irland	4 Millionen
9	=	Italien	57 Millionen
10	=	Luxemburg	400.000
11	=	Niederlande	16 Millionen
12	=	Österreich	8 Millionen
13	=	Portugal	10 Millionen
14	=	Schweden	9 Millionen
15	=	Spanien	40 Millionen

3 Suche die Mitgliedstaaten der Europäischen Union auf der Karte.

Ordne dann die Länder nach der Einwohnerzahl. Beginne mit dem Land mit den wenigsten Einwohnern.

Rechne dann aus, wie viele Einwohner insgesamt in der Europäischen Union leben.

	Name des Landes	Einwohnerzahl
1.	Luxemburg	

Einwohner insgesamt: ____________

Auf Straßen und Schienen

1 In Deutschland gibt es etwa 40 Millionen Personenkraftwagen und etwa 82 Millionen Einwohner. Wie viele PKW kommen auf 1000 Einwohner? In Afrika sind es etwa 15 PKW auf 1000 Einwohner!

2 Eine Spedition fährt eine Route auf der Autobahn von Hamburg über Berlin, Nürnberg, München, Stuttgart, Karlsruhe, Frankfurt am Main, Kassel, Hannover und zurück nach Hamburg. „Vor 20 Jahren“, sagt der Speditionsleiter, „haben wir das mit allem Aus- und Einladen bequem in 3 Tagen geschafft, heute brauchen wir mindestens 4 Tage. Und dabei sind unsere Lastwagen heute viel schneller als damals.“

Weißt du eine Erklärung für diese Veränderung? Berechne die Gesamtstrecke der Route.

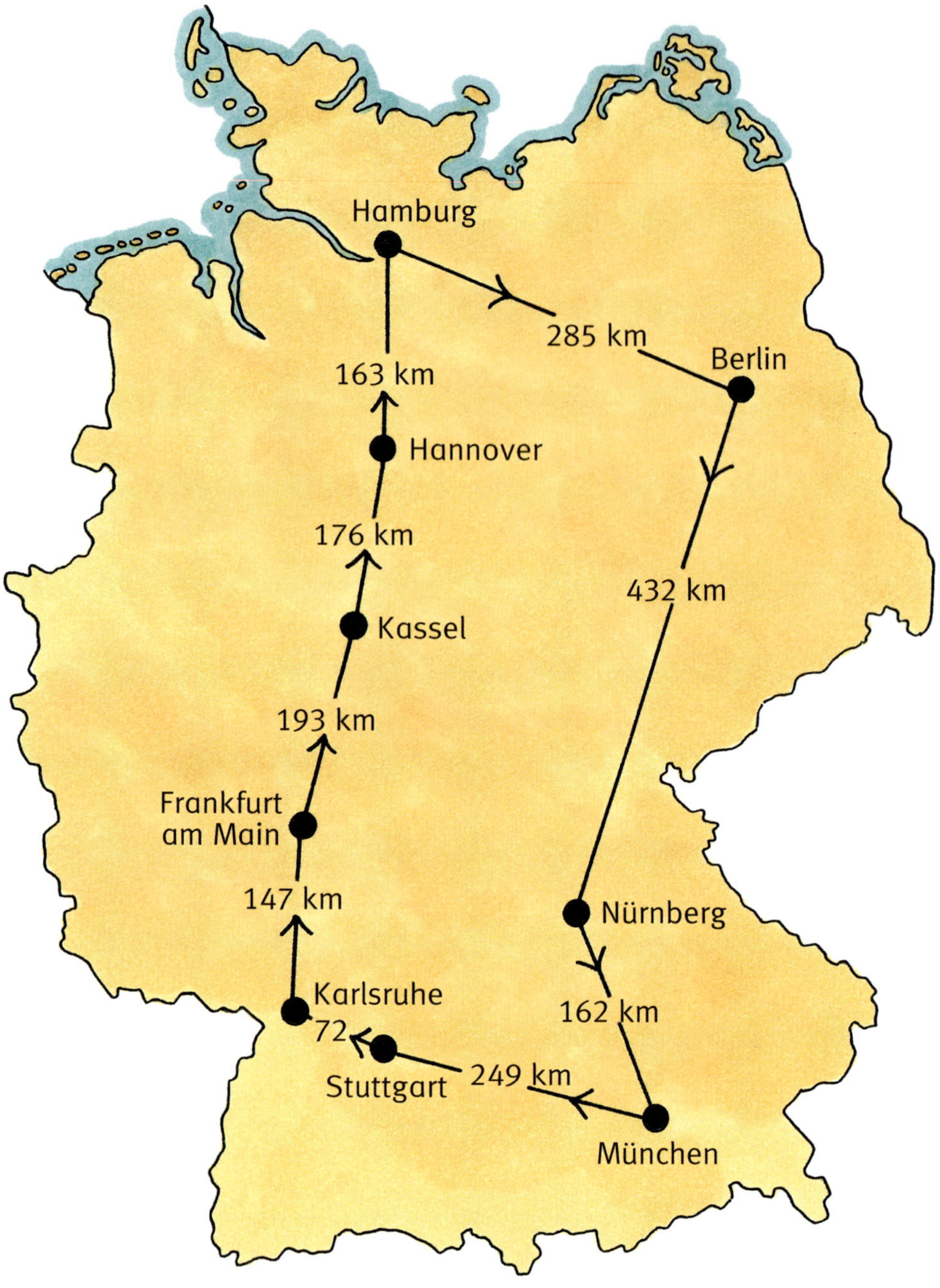

Wie viele Kilometer fuhren die Lastwagen der Spedition früher durchschnittlich pro Tag und wie viele heute? Rechne mit gerundeten Kilometerzahlen.

Wie viele Kilometer pro Stunde fuhren die Wagen früher durchschnittlich, wenn sie 6 Stunden Fahrzeit pro Tag hatten? Wie viele fahren sie heute? Runde.

3

Strecke der Transsibirischen Eisenbahn

FAHRPLAN

		Ankunft	Abfahrt
1. Tag	Moskau		10.00
1. Tag	Jaroslaw	14.11	14.21
2. Tag	Swerdlowsk	15.49	16.04
2. Tag	Tjumen	21.07	21.22
3. Tag	Omsk	06.00	06.31
3. Tag	Nowosibirsk	17.06	17.26
4. Tag	Krasnojarsk	07.00	07.16
5. Tag	Irkutsk	03.06	03.19
5. Tag	Ulan-Ude	11.14	11.32
5. Tag	Tschita	21.26	21.40
6. Tag	Mogotscha	12.07	12.22
7. Tag	Belogorsk	08.03	08.23
7. Tag	Chabarowsk	21.35	21.55
8. Tag	Wladiwostok	12.00	

Um das unwirtliche Sibirien besiedeln und enger mit den übrigen Teilen des Russischen Reiches verbinden zu können, ließ Zar Nikolaus II. in der Zeit von Mai 1891 bis Dezember 1905 die längste Eisenbahnstrecke der Welt bauen: die Transsibirische Eisenbahn! 70.000 Arbeiter gruben Trassen, sprengten Tunnel, legten Schienen und schlugen Holz. Sie transportierten Steine und bauten Brücken von insgesamt 48 km Länge. Mückenverseuchte Sümpfe und Sommerhitze, 40 Grad Kälte, Schnee und Winterstürme forderten dabei viele Opfer. 9.176 km Geleise verbinden seitdem die Hauptstadt Moskau im europäischen Westen mit Wladiwostock, der Industriestadt am Japanischen Meer.
Viele Dörfer entlang der Strecke sind inzwischen zu Städten geworden.

Reise auf der Karte hin und her. Kannst du die russischen Ortsnamen aussprechen?

An der Strecke wurde rund ______ Jahre gearbeitet. In einem Jahr wurden durchschnittlich ______ km der Strecke fertig. Im Durchschnitt legt die Bahn täglich ______ km zurück. Die genaue Fahrzeit beträgt ______ Tage ______ Stunden oder ______ Stunden.

Findest du Gründe dafür, dass aus manchen sibirischen Dörfern Städte wurden, nachdem die Eisenbahn gebaut wurde?

Im Wasser und in der Luft

1

Das Kreuzfahrtschiff „Super Star Virgo“ ist 268 m lang, 32 m breit und taucht bei voller Beladung 8 m tief ins Wasser. Es hat 14 Decks und rund 1.000 Kabinen für 2.000 bis 2.800 Passagiere. Seine Dieselmotoren leisten 76.000 PS, damit kann es 24 Knoten schnell fahren (1 Knoten entspricht etwa 1,852 Kilometer pro Stunde). Auf dem Schiff arbeiten 1.100 Besatzungsmitglieder.

Mit wie vielen Passagieren können die Kabinen insgesamt belegt werden? ______________

Für wie viele Personen insgesamt müssen die Rettungsboote reichen? ______________

Manche Autos haben Motoren, die 100 PS leisten. Wie viel mal so stark ist der Schiffsdieselmotor der „Super Star Virgo“? Wie schnell kann das Schiff fahren? Rechne die angegebene Geschwindigkeit in Kilometer pro Stunde um.

2

Die Welt-Handelsflotte aller Seetransport-Schiffe bestand 1995 aus 1.278 Chemikalien-Tankern, 1.590 Container-Schiffen, 5.342 Erz-Frachtern, 918 Flüssiggas-Tankern, 6.496 Öl-Tankern, 3.211 Passagier- und Fährschiffen und 17.176 Stückgut-Frachtern (z. B. für Maschinen und Autos).

Ordne die verschiedenen Schiffsarten nach ihrer Anzahl. Insgesamt fahren ______ Handelsschiffe auf den Meeren. Welches Handelsgut wird wohl am meisten mit dem Schiff verfrachtet, welches am wenigsten?

Auf den Bildern sind vier Schiffsarten zu sehen. Ordne die Nummern richtig zu.

◯ Flüssiggas-Tanker ◯ Container-Schiff ◯ Öl-Tanker ◯ Passagierschiff

3 Ein Flugkapitän berichtet von einem Flug von Stuttgart nach Paris:
„Mit der Fracht, den 120 Passagieren, den 10 Besatzungsmitgliedern und 18 t Treibstoff wiegt die Maschine gut 200 t. Jetzt ist es 7.30 Uhr, der Kontrollturm hat den Start freigegeben.

Ich gebe Vollschub. Die Maschine heult auf, rast los, das Bugrad hebt sich. Dann löst sich das Flugzeug ganz vom Boden. Das Fahrwerk schwenkt in den Rumpf, die Klappen schließen sich. Eine weite Kurve und wir sind auf dem Luftstraßenkurs nach Paris. Die vorgeschriebene Flughöhe ist 30.000 Fuß. Als Flugzeit sind 58 Minuten ausgerechnet worden. Paris meldet einen günstigen Gegenwind, wir können ohne Umweg auf dem in Flugrichtung verlaufenden Rollfeld landen. Das bringt 5 Minuten Zeitersparnis.“

Als Durchschnittsgewicht für einen Erwachsenen rechnet man 75 kg. Wie viel kg wiegen alle Menschen an Bord zusammen?

Rechne um in Tonnen (1.000 kg = 1 t), runde.

Wie viel Gewicht haben Fracht (z.B. die Koffer der Passagiere) und die leere Maschine zusammen? Mit wie viel Gesamtgewicht setzt die Maschine auf dem Rollfeld in Paris auf?

Wie groß ist die vorgeschriebene Flughöhe in m? Rechne 3 Fuß auf 1 m.
Wie viel Uhr ist es am Ende der Flugzeit?

4 1995 wurden auf den 7 größten deutschen Flughäfen so viele ankommende, abfliegende und weiterreisende Passagiere gezählt:

Frankfurt am Main	38,2	Millionen
Düsseldorf	15,1	Millionen
München	14,9	Millionen
Berlin	11,0	Millionen
Hamburg	8,2	Millionen
Stuttgart	5,2	Millionen
Köln-Bonn	4,7	Millionen

Das waren insgesamt ___________ Passagiere.
Vergleiche die Zahl der Passagiere auf den größten deutschen Flughäfen mit der Zahl für Chicago. Dort wurden 1995 65,1 Millionen Passagiere abgefertigt. Wie groß ist der Unterschied?

Stelle die Passagierzahlen für die deutschen Groß-Flughäfen und die für Chicago auf einem karierten Blatt als Streifenschaubild dar (10 Millionen Passagiere = 1 cm).

Kostbares Holz

1 Deutschland ist ein Waldland. Der Wald gibt Menschen und Tieren Schutz und Nahrung, er liefert Baumaterial und Brennholz. Noch heute ist etwa ein Drittel der 357.000 Quadratkilometer (km^2) Deutschlands mit Wald bedeckt. Diese Waldfläche ist ungefähr zu einem Drittel mit Fichten und Tannen, zu einem Drittel mit Kiefern und Lärchen und zu einem Drittel mit verschiedenen Laubbäumen bewachsen.

Kiefer

Buche

Lärche

Das gerahmte Feld soll die Gesamtfläche Deutschlands darstellen. Teile es mit Lineal und Stift so auf, dass man den Anteil des Waldes (ein Drittel der Gesamtfläche) sieht. Teile dieses Drittel dann in die Anteile der drei Hauptbaumsorten auf. Zeichne oder schreibe die Baumsorten ein.

Fichte

Eiche

Berechne den Anteil der Waldfläche in Deutschland in km^2. Berechne auch die Flächenanteile der drei Hauptbaumsorten in km^2.

1 km^2 ist eine quadratische Fläche von 1 km Länge und 1 km Breite. Wenn du einmal 1.000 m (etwa 2.000 Schritte) gegangen bist, kannst du dir diese Fläche besser vorstellen.

Berechne, wie viele m^2 in 1 km^2 enthalten sind.

PAULS ECKE

2 Holz ist ein Rohstoff von großer wirtschaftlicher Bedeutung. In Deutschland haben 450.000 Menschen beruflich mit dem Verarbeiten, Kaufen und Verkaufen von Holz zu tun. Dabei werden viele Milliarden € ausgegeben und eingenommen. 1 Milliarde € sind 1.000 Millionen €. Das sind 1.000.000.000 €.

In den Hauptbereichen der Holzwirtschaft in Deutschland wurden in 1 Jahr diese Summen umgesetzt:

Holzverarbeitung und Holzbearbeitung (z.B. Möbel, Baustoffe)	34 Milliarden €
Zellstoff- und Papierindustrie (z.B. Verpackungsmaterial)	9 Milliarden €
Holzhandel (z.B. Balken, Bretter)	7 Milliarden €

Schreibe die Beträge in Ziffern. Wie viele Nullen hat 1 Milliarde?

Gesamtumsatz der Holzwirtschaft in 1 Jahr: ______________ €

3

Dieser Streifen ist 10 cm lang und soll den Gesamtumsatz der Holzwirtschaft in Deutschland darstellen.

Teile ihn mit Lineal und Stift so in 3 Abschnitte, dass die Anteile der 3 Hauptbereiche der Holzwirtschaft am Gesamtumsatz zu sehen sind.

Menschen und Länder

1 Deutschland, Äthiopien, die Vereinigten Staaten von Amerika (USA) und Japan gehören zu verschiedenen Kontinenten.

	Fläche des Landes	Einwohnerzahl	Kontinent
Deutschland	357.000 km²	82.000.000	
Äthiopien	1.130.000 km²	56.000.000	
USA	9.800.000 km²	261.000.000	
Japan	378.000 km²	124.000.000	

Trage zu jedem Land den richtigen Kontinent ein. Ordne die Länder nach der Größe ihrer Fläche. Haben Deutschland, Äthiopien und Japan zusammen so viel Fläche wie die USA? Was vermutest du? Rechne dann genau.

Ordne die Länder nach Einwohnerzahlen. Ist die Reihenfolge dieselbe wie bei den Flächen? Haben Deutschland, Äthiopien und Japan zusammen so viele Einwohner wie die USA? Schätze erst und rechne dann genau.

2 **Zusatzaufgabe für Rechen-Asse:**
Wie eng die Menschen in einem Land zusammen leben, kann man an der Bevölkerungsdichte erkennen. Wo viele Menschen zusammen wohnen, ist die Bevölkerungsdichte groß, wo weniger Menschen zusammen wohnen, ist sie klein.
Die Bevölkerungsdichte wird in „Einwohner pro km²" angegeben; das bedeutet: so viele Menschen leben im Durchschnitt auf der Fläche eines Quadratkilometers.

Du kannst ausrechnen, wie viele Einwohner pro km² in den vier Ländern leben. Rechne mit gerundeten Zahlen so:

für Deutschland 82.000 : 360 = ______ für USA 2.610 :100 = ______

für Japan 124.000 : 380 = ______ für Äthiopien 5.600 : 110 = ______

Ordne nun die Länder nach ihrer Bevölkerungsdichte.
Berechne die Unterschiede zwischen den Ländern.

3 Viele Menschen wohnen lieber in der Stadt als auf dem Land. In der Stadt ist vieles einfacher zu bekommen und leichter zu erreichen. In Deutschland leben von 100 Menschen 86 in der Stadt, in den USA sind es 76 von 100. In Äthiopien leben 13 Menschen von 100 in städtischer Umgebung und in Japan sind es 78.

Wie viele Menschen von 100 wohnen in diesen Ländern auf dem Land?

4 In den meisten Ländern führt man Statistiken darüber, wie alt die Menschen werden. Daraus kann man errechnen, welches durchschnittliche Alter ein Mensch in diesem Land erreicht. Dies nennt man die Lebenserwartung. Man kann daraus aber nicht erkennen, wie lange ein neu geborener Mensch tatsächlich leben wird.

Lebenserwartung in:	Männer	Frauen	Durchschnitt
Deutschland	73 Jahre	79 Jahre	76 Jahre
Äthiopien	46 Jahre	50 Jahre	47 Jahre
USA	73 Jahre	79 Jahre	76 Jahre
Japan	76 Jahre	83 Jahre	79 Jahre

Zwischen welchen Ländern ist der Unterschied in der Lebenserwartung am größten? Rechne den Unterschied aus. Weißt du eine Erklärung?

Vergleiche die Lebenserwartung zwischen Frauen und Männern in den einzelnen Ländern. Berechne die Unterschiede.

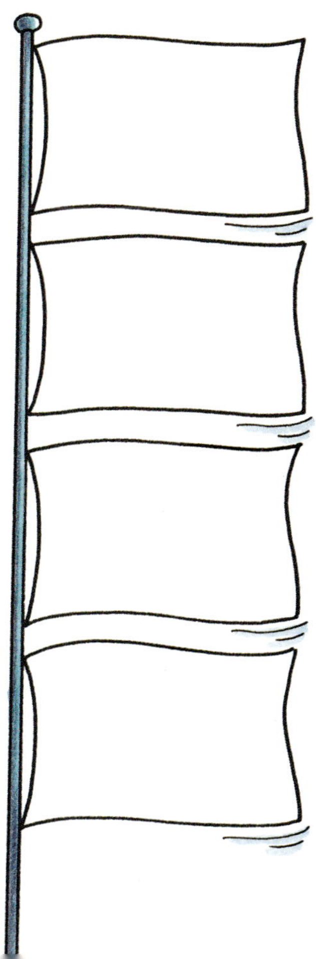

Hier kannst du die Flaggen der vier Länder einzeichnen. Schau in deinem Atlas nach, wenn du sie nicht kennst.

Kinder aus aller Welt

1 Auf unserer Erde leben etwa 6,3 Milliarden Menschen (= 6.300 Millionen = 6.300.000.000). Ein Drittel davon sind Kinder und Jugendliche unter 15 Jahren.

Wie viele Kinder und Jugendliche unter 15 Jahren leben ungefähr auf der Welt? ______________________ Millionen

2 Der Anteil der Kinder und Jugendlichen ist in den einzelnen Erdteilen unterschiedlich. Hier sind drei Beispiele:

	Einwohner insgesamt	Kinder und Jugendliche bis 15 Jahren
Europäische Union	350 Millionen	67 Millionen
Afrika	870 Millionen	390 Millionen
Südamerika	540 Millionen	190 Millionen

Wo ist der Anteil der Kinder und Jugendlichen am höchsten, wo am niedrigsten? Schätze zuerst und rechne dann nach.

Den höchsten Anteil hat ______________________ , den niedrigsten hat ______________________ .

3 Wenn man diese Zahlen auf drei ausgedachte Städte (Euroheim, Savanni, Amerio) überträgt, kann man sie gut miteinander vergleichen.
In Euroheim in Europa leben 10.000 Einwohner, davon sind 1.900 Kinder und Jugendliche unter 15 Jahren. Savanni in Afrika hat ebenfalls 10.000 Einwohner.
4.500 sind davon Kinder und Jugendliche. Auch in Amerio in Südamerika wohnen 10.000 Menschen, unter ihnen 3.500 Kinder und Jugendliche.

Zeichne zu jeder Stadt ein Streifenschaubild von 10 cm Länge. 1 mm bedeutet immer 100 Menschen. Wie lang müssen die Abschnitte für die Kinder und Jugendlichen sein?

Euroheim: ______________ mm Savanni: ______________ mm Amerio: ______________ mm

4

Nicht allen Kindern auf der Welt geht es gut. Etwa 250 Millionen Kinder im Alter zwischen 5 und 14 Jahren müssen arbeiten und für sich und ihre Familien Geld zum Lebensunterhalt verdienen. Etwa die Hälfte dieser 250 Millionen Kinder bleibt deshalb ohne schulische Ausbildung. Diese Kinder können nicht lesen und schreiben und nur wenig rechnen. Man nennt sie Analphabeten.

Von den arbeitenden Kindern leben in Asien 150 Millionen, in Afrika 80 Millionen und in Südamerika 17 Millionen.

Berechne die Anzahl der Kinder, die nicht lesen und schreiben können.

	arbeitende Kinder	davon Analphabeten
Asien	______	______
Afrika	______	______
Südamerika	______	______
übrige Länder	______	______

Zeichne zu den Zahlen der arbeitenden Kinder ein Streifenschaubild.
1 cm bedeutet 25 Millionen, 1 mm bedeutet 2,5 Millionen.
Wie lang müssen die einzelnen Abschnitte sein?

Asien: 150 Millionen = ______ mm

Afrika: 80 Millionen = ______ mm

Südamerika: 17 Millionen = ______ mm

5

Auch erwachsene Menschen können Analphabeten sein. Im Jahr 1995 gab es auf der ganzen Welt 885 Millionen Erwachsene, die weder lesen noch schreiben konnten. 590 Millionen davon waren Frauen.

Wie viele Männer waren Analphabeten? ______ Männer

Wasser nützt und schadet

1 Etwa ein Viertel aller Menschen hat keinen Zugang zu sauberem Trinkwasser. Überfluss an Trinkwasser herrscht dagegen in den Industrieländern. So viel Trinkwasser verbraucht ein Einwohner oder eine Einwohnerin im Durchschnitt am Tag in USA: 900 l, in Europa: 240 l, in Deutschland 130 l und in Afrika weniger als 20 l.

Der Wasserverbrauch für eine vierköpfige Familie (Eltern und zwei Kinder) beträgt:

	täglich	wöchentlich	monatlich
in USA	________	________	________
in Europa	________	________	________
in Deutschland	________	________	________

Ein Eimer fasst 10 Liter. Berechne, wie viele Eimer Trinkwasser eine vierköpfige Familie täglich verbraucht:

in USA: ______ Eimer in Europa: ______ Eimer

in Deutschland: ______ Eimer in Afrika: ______ Eimer

2 Die natürliche Versorgung mit Trinkwasser ist auf der Erde ungleich verteilt. Weißt du, in welchen Ländern und Erdteilen das Wasser besonders knapp ist? Die Weltgesundheitsorganisation der UNO (Vereinte Nationen) fordert mindestens 20 Liter Trinkwasser für jeden Menschen täglich.

Für wie viele Menschen würde der jetzige Wasserverbrauch pro Tag reichen, wenn jeder nur noch 20 l zur Verfügung hätte?

In den USA für _____ Menschen, in Europa für _____ Menschen,

in Deutschland für _____ Menschen

Ein Einwohner der USA verbraucht im Durchschnitt täglich 900 Liter Trinkwasser. Damit könnte man täglich

________ Europäer oder

________ Deutsche oder

________ Afrikaner versorgen.

Große, weite Welt Seite 2

1 Vergleiche deine Eintragungen mit einem Atlas. Westen ist links, Osten ist rechts. Der größte Kontinent ist Asien.

2 Nach der Größe geordnet: Asien, Afrika, Nordamerika, Südamerika, Europa, Australien.
Unterschiede in der Flächengröße:
Asien ist 36 Millionen km² größer als Australien; Afrika 20 Millionen km² größer als Europa und Nordamerika 13 Millionen km² größer als Europa.
Die Fläche Europas passt dreimal in die Afrikas, die Fläche Australiens passt etwa dreimal in die Nordamerikas.

3 Bartolomeo Diaz = X 1;
Christoph Kolumbus = X 2;
Vasco da Gama = X 3.
Das alles ist im Jahr 2000 502, 508 und 511 Jahre her.
Lies in einem Lexikon über die drei Seefahrer.

Seite 3

4 Im Jahr 2000 ist das Erreichen des Nordpols 91 Jahre her, das des Südpols 89 Jahre. Die Flugzeuge fliegen zwischen Nordamerika, Europa und Asien.

5 Die Antarktis nimmt unter den Kontinenten die fünfte Stelle ein.
Unterschiede: Australien – Antarktis 4 Millionen km², Asien – Antarktis 32 Millionen km².

6 Die Wasserfläche der Erde ist 362 Millionen km² groß. Sie ist mehr als doppelt so groß wie die Landfläche. Der Erddurchmesser ist zwischen den Polen 798 km kleiner als am Äquator.

Die Erdbevölkerung Seite 4

1 Europa – 2, Nordamerika – 5, Afrika – 3, Australien – 6, Asien – 1, Südamerika – 4

2 Europa – 730 Millionen, Afrika – 680 Millionen, Nordamerika – 450 Millionen, Südamerika – 310 Millionen, Australien – 12 Millionen Einwohner.
Unterschiede: Asien – Europa: 2.570 Millionen, Südamerika – Nordamerika: 140 Millionen, Asien – Afrika: 2.620 Millionen.
Australien hat etwa 70 Millionen Einwohner weniger als Deutschland.

Seite 5

3 1. Luxemburg, 2. Irland, 3. Dänemark, 4. Finnland, 5. Österreich, 6. Schweden, 7. Belgien, 8. Griechenland, 9. Portugal, 10. Niederlande, 11. Spanien, 12. Italien, 13. Frankreich, 14. Großbritannien, 15. Deutschland.
In der Europäischen Union leben insgesamt rund 372.400.000 Einwohner.

Auf Straßen und Schienen Seite 6

1 In Deutschland kommen auf 1.000 Einwohner rund 488 PKW.

2 Weil immer mehr Autos auf den Straßen fahren, gibt es mehr stockenden Verkehr und Staus. Außerdem dürfen LKW nicht mehr als 80 km/h fahren. Die Gesamtstrecke beträgt 1.879 km. Früher fuhren die LKW pro Tag durchschnittlich rund 626 km, heute 470 km. Die Durchschnittsgeschwindigkeit früher: 104 km/h, heute: 78 km/h.

Seite 7

3 An der Strecke wurde 14 Jahre lang gebaut. In einem Jahr wurden durchschnittlich rund 655 km Strecke fertig. Im Durchschnitt legt die Bahn täglich 1.147 km zurück. Die genaue Fahrzeit beträgt 7 Tage und 2 Stunden oder 170 Stunden (einschließlich der Aufenthalte in den Bahnhöfen).
Die Eisenbahn brachte Menschen und Güter in die Dörfer und nahm sie von dort wieder mit. So entstand Handel, die Dörfer wuchsen zu Städten.

Im Wasser und in der Luft Seite 8

1 Die Kabinen können mit insgesamt 2.800 Personen belegt werden. Die Rettungsboote müssen für insgesamt 3.900 Menschen reichen. Der Schiffsdieselmotor ist 760 mal so stark. Die Höchstgeschwindigkeit des Schiffes beträgt 44,448 km pro Stunde.

2 918 Flüssiggas-Tanker, 1.278 Chemikalien-Tanker, 1.590 Container-Schiffe, 3.211 Passagier- und Fährschiffe, 5.342 Erz-Frachter, 6.496 Öl-Tanker, 17.176 Stückgut-Frachter. Insgesamt fahren 36.011 Handelsschiffe auf den Weltmeeren. Am meisten transportieren sie Stückgut und Container, am wenigsten Erz.
3 = Flüssiggas-Tanker, 1 = Container-Schiff,
2 = Öl-Tanker, 4 = Passagierschiff

Seite 9

3 Alle Menschen an Bord wiegen zusammen rund 9.750 kg = 9,750 t. Ohne die Passagiere wiegt die Maschine mit Fracht und Treibstoff 190,250 t. Die Maschine landet in Paris mit etwa 182 t Gesamtgewicht. Die Flughöhe beträgt 10.000 Meter. Die Maschine landet in Paris um 8.23 Uhr.

4 Auf deutschen Flughäfen wurden 1995 insgesamt 97,3 Millionen = 97.300.000 Passagiere abgefertigt.

Das sind 32,2 Millionen mehr als in Chicago.
Die Streifen auf dem Schaubild sind so lang: für Frankfurt 3,8 cm, für Düsseldorf 1,5 cm, für München etwa 1,5 cm, für Berlin 1,1 cm, für Hamburg 0,8 cm, für Stuttgart 0,5 cm, für Köln-Bonn etwa 0,5 cm, für Chicago 6,5 cm.

Kostbares Holz — Seite 10

1 Deutschlands Waldfläche ist rund 119.000 km² groß. Es entfallen auf Fichten und Tannen rund 39.670 km², auf Kiefern und Lärchen rund 39.670 km² und auf Laubbäume ebenfalls etwa 39.670 km2.
1 Quadratkilometer (km²) besteht aus 1.000.000 Quadratmetern (m²).

Seite 11

2 34.000.000.000 €, 9.000.000.000 €, 7.000.000.000 €. 1 Milliarde hat 9 Nullen.
Der Gesamtumsatz der Holzwirtschaft in 1 Jahr: 50 Milliarden € = 50.000.000.000 €.

3 Die Abschnitte betragen für Holzverarbeitung 6,8 cm, für Zellstoff 1,8 cm und für Holzhandel 1,4 cm.

Menschen und Länder — Seite 12

1 Deutschland – Europa, Äthiopien – Afrika, USA – Nordamerika, Japan – Asien
Nach den Flächen sortiert (beim kleinsten beginnend): Deutschland, Japan, Äthiopien, USA.
Deutschland, Äthiopien und Japan haben zusammen eine Fläche von 1.865.000 km², also viel weniger als USA.
Nach Einwohnerzahlen sortiert (bei den wenigsten beginnend) ergibt sich eine andere Reihenfolge: Äthiopien, Deutschland, Japan, USA. Deutschland, Äthiopien und Japan haben zusammen 262.000.000 Einwohner, also 1 Million mehr als die USA.

2 Bevölkerungsdichte in Japan: 326, in Deutschland: 228, in Äthiopien: 51, in USA: 26.
In Japan leben auf 1 km² fast zehnmal so viele Menschen wie in den USA, in Äthiopien leben auf 1 km² fast doppelt so viele Menschen wie in den USA.

Seite 13

3 Auf dem Land leben von 100 Menschen in Deutschland 14, in den USA 24, in Japan 22 und in Äthiopien 87 Menschen.

4 Der Unterschied in der Lebenserwartung ist zwischen Japan und Äthiopien am größten. Er beträgt im Durchschnitt 32 Jahre.
Die Lebenserwartung von Frauen und Männern unterscheidet sich in Deutschland um 6 Jahre, in Äthiopien um 4 Jahre, in den USA um 6 Jahre und in Japan um 7 Jahre.
Die Unterschiede liegen in der medizinischen Versorgung, der Ernährung und den Lebensbedingungen.

Kinder aus aller Welt — Seite 14

1 Es leben ungefähr 2.100 Milliarden = 2.100.000.000 Kinder und Jugendliche unter 15 Jahren auf der Welt.

2 Den höchsten Anteil an Kindern und Jugendlichen hat Afrika, den niedrigsten die Europäische Union. In Afrika ist es fast die Hälfte aller Einwohner, in Südamerika fast ein Drittel.

3 Euroheim: 19 mm = 1,9 cm, Savanni: 45 mm = 4,5 cm, Amerio: 35 mm = 3,5 cm

Seite 15

4
- Asien hat 150.000.000 arbeitende Kinder, davon 75.000.000 Analphabeten.
- Afrika hat 80.000.000 arbeitende Kinder, davon 40.000.000 Analphabeten.
- Südamerika hat 17.000.000 arbeitende Kinder, davon 8.500.000 Analphabeten.
- Die übrigen Länder haben 3.000.000 arbeitende Kinder, davon 1.500.000 Analphabeten.

Die Streifen sind so lang: Asien 60 mm, Afrika 32 mm, Südamerika 6,8 mm, ungefähr 7 mm.

5 1995 waren 295.000.000 Männer Analphabeten.

Wasser nützt und schadet — Seite 16

1 Wasserverbrauch einer vierköpfigen Familie:
- in USA: täglich 3.600 Liter, wöchentlich 25.200 Liter, monatlich (30 Tage) 108.000 Liter
- in Europa: täglich 960 Liter, wöchentlich 6.720 Liter, monatlich 28.800 Liter
- in Deutschland: täglich 520 Liter, wöchentlich 3.640 Liter, monatlich 15.600 Liter

Das sind so viele Eimer am Tag:
- in USA: 360 Eimer
- in Europa: 96 Eimer
- in Deutschland: 52 Eimer
- in Afrika: weniger als 8 Eimer

2 USA: für 45 Menschen, Europa: für 12 Menschen, in Deutschland für 6 bis 7 Menschen.
Mit 900 Liter Trinkwasser könnte man täglich 3 bis 4 Europäer, fast 7 Deutsche oder 45 Afrikaner versorgen.

Seite 17

3 Die Sahara liegt in Nordafrika. Sie wächst in 100 Jahren 5000 m = 5 km, in 200 Jahren 10.000 m = 10 km.

4 1.600 Lastwagen zu je 20 t oder 32 Binnenschiffe zu je 1000 t.

5 Der Nil ist etwa 6 mal so lang. Der Jangtsekiang ist etwa 5 mal so lang. Der Mississippi ist etwa 3 mal so lang. Die Wolge ist ebenfalls etwa 3 mal so lang.
Die Donau ist etwas mehr als doppelt so lang wie die Elbe.

Der Wald leidet — Seite 18

1 Mittel- und Südamerika: 6.000.000 km², Asien: 4.000.000 km², Afrika: 2.000.000 km²

2 Verlust an Regenwald im Jahr 1993 in Mittel- und Südamerika: 19.380 km², restlicher Regenwald: 5.980.620 km²
Verlust in Asien: 21.615 km², restlicher Regenwald: 3.978.385 km²
Verlust in Afrika: 4.730 km², restlicher Regenwald: 1.995.270 km²
Gesamtverlust 1993: 45.725 km², restlicher Regenwald insgesamt: 11.954.275 km²

3 Der Gesamtverlust an Regenwald 1993 betrug etwa den 9. Teil der Fläche Deutschlands, mehr als zehnmal so viel wie die Fläche Bremens und mehr als die Hälfte der Fläche von Bayern.

Seite 19

4 Im Mischwald wachsen verschiedene Baumsorten nebeneinander. Die Mischwaldfläche beträgt 700 ha. Die Abschnitte sind so lang: Fichtenwald 30 mm, Buchenwald 40 mm, Mischwald 35 mm. Im Fichtenwald und im Buchenwald stehen jeweils etwa 480.000 Bäume.

5 Kranke Fichten: rund 160.000 Bäume, kranke Buchen: rund 240.000 Bäume
Ursachen sind: Luftverschmutzung, saurer Regen.

Sonne und Wetter — Seite 20

1 Frühlingsanfang: 12 h 12 min, Sommeranfang: 16 h 37 min, Herbstanfang 12 h 10 min, Winteranfang 7 h 51 min

2 Sommeranfang: SA 04.05 Uhr – SU 20.42 Uhr
Herbstanfang: SA 06.09 Uhr – SU 18.19 Uhr
An der Tageslänge ändert sich nichts.
Du musst nein ankreuzen.

Seite 21

3 Die Sonne scheint am meisten in Portugal, am wenigsten in Irland. Das liegt daran, dass Portugal viel näher am Äquator liegt und vom Klima Afrikas beeinflusst wird.
Summe aller Sonnenstunden: 23.350 Sonnenstunden, durchschnittliche Sonnenscheindauer: rund 1.946 h.
Italien, Frankreich und Dänemark kommen der durchschnittlichen Sonnenscheindauer am nächsten.

4 Durchschnittliche Jahrestemperatur:
Hamburg – rund 8°, Magdeburg – rund 9°,
Köln – rund 11°, Mannheim – rund 11°.

Von Regen und Wind — Seite 22

1 5 mm entsprechen 5 Liter Regenwasser.
Im Garten sind 1.200 Liter Regenwasser gefallen.
Fläche des Garagendaches: 24,5 m², Regenmenge auf dem Garagendach: 122,5 Liter. Die Regentonne hat für diesen Regen ausgereicht.

2 Nordindien: 125 Eimer, Südindien: 250 Eimer, Bangladesh: über 250 Eimer; Hawaii: 1.170 Eimer

Seite 23

3 Windstärke 3 = 14 km/h (mittlere Geschwindigkeit in km/h, gerundet)
Windstärke 5 = 32 km/h
Windstärke 7 = 54 km/h
Windstärke 9 = 79 km/h
Windstärke 11 = 108 km/h
Windstärke 12 = über 115 km/h

Bei Bauer Feldmann — Seite 24

1 Gesamtfläche: 82 ha, Getreide: 41 ha,
Hackfrüchte: 14 ha, Wiesen und Weiden: 23 ha,
Gebäude, Gärten, Wege: 4 ha.
Der Streifen wird 164 mm = 16,4 cm lang.
So lang werden die einzelnen Flächen:
Getreide: 82 mm = 8,2 cm,
Wiesen und Weiden: 46 mm = 4,6 cm,
Hackfrüchte: 28 mm = 2,8 cm,
Gebäude usw.: 8 mm = 0,8 cm.

Seite 25

2 Bauer Feldmann verkauft 12 Jungrinder (Färsen).
Er kann im Durchschnitt täglich mit 256 Liter Milch rechnen, wöchentlich mit 1.792 Liter und monatlich mit 7.650 Liter.

3 Milchkuh Nr. 1 – Tagesdurchschnitt 20 l
Milchkuh Nr. 2 – Tagesdurchschnitt 21 Liter
Milchkuh Nr. 3 – Tagesdurchschnitt 22 Liter

Milchkuh Nr. 4 – Tagesdurchschnitt 23 Liter
Milchkuh Nr. 5 – Tagesdurchschnitt 25 Liter
Milchkuh Nr. 6 – Tagesdurchschnitt 24 Liter
Milchkuh Nr. 7 – Tagesdurchschnitt 26 Liter
Milchkuh Nr. 8 – Tagesdurchschnitt 22 Liter
Insgesamt haben die 8 Kühe an diesem Sommertag 183 Liter Milch erbracht.

4 Eine Kuh mit einem Gewicht von 600 kg braucht täglich etwa 60 kg Futter. Für diese Kuh müssen für den Winter insgesamt 9.000 kg = 9 t Futter in Vorrat gehalten werden.

Vom Acker auf den Tisch — Seite 26

1 Für 1 kg Roggenbrot braucht man etwa 800 Roggenähren. Diese Ähren stehen auf einer Fläche von 2 m^2. Auf einer Fläche von 1 Hektar stehen ungefähr 4.000.000 Roggenähren. Aus ihnen kann man ungefähr 5.000 Roggenbrote von 1 kg Gewicht backen.

2 Die Fläche für den Maisanbau ist 81.000 ha groß.

3 So viel kann Bauer Feldmann ernten: Weizen: 840 dz, Roggen: 329 dz, Gerste: 610 dz, Hafer: 128 dz, Mais: 567 dz.

Seite 27

4 1950 konnten 520.000 Bauern etwa 15.000.000 Menschen ernähren. 1996 konnten 520.000 Bauern ungefähr 54.080.000 Menschen ernähren.

5 Unterschied 1980: 0,25 €, 1985 0,24 €, 1990 0,30 €, 1995 0,33 €, 2000 0,30 €.
Der Bauer liefert die Milch an die Molkerei, von der er bezahlt wird. Die Molkerei verkauft die Milch dann weiter und verdient auch daran. Dadurch kommen die unterschiedlichen Preise zustande.

6 Bauer Feldmann hat insgesamt 53,07 € eingenommen. Der Ertrag für die Milchkuh Nr. 1 war 5,80 €, Milchkuh Nr. 2 6,09 €, Milchkuh Nr. 3 6,38 €, Milchkuh Nr. 4 6,67 €, Milchkuh Nr. 5 7,25 €, Milchkuh Nr. 6 6,96 €, Milchkuh Nr. 7 7,54 € und Milchkuh Nr. 8 6,38 €.

Guten Appetit! — Seite 28

1 Wassergehalt der angegebenen Nahrungsmittel pro 100 g: Roggenmischbrot – 43 g, Brötchen – 31 g, Cornflakes – 6 g, Vollmilch – 88 g, Fruchtjogurt – 76 g, Butter – 16 g, Banane – 77 g.
1 kg Roggenmischbrot enthält 10 g Fett, 440 g Kohlehydrate, 60 g Eiweiß und 60 g Ballaststoffe.
500 g Cornflakes enthalten 5 g Fett, 415 g Kohlehydrate, 35 g Eiweiß und 15 g Ballaststoffe.
250 g Butter enthalten 207,5 g Fett und 2,5 g Eiweiß. Butter enthält keine Kohlehydrate und keine Ballaststoffe.

Seite 29

2 Julia: Fett – 32 g/288 kcal,
Kohlehydrate – 207 g/828 kcal,
Eiweiß – 26 g/104 kcal.
Julias Frühstück enthält 1.220 kcal.
Lukas: Fett – 23 g/207 kcal,
Kohlehydrate – 171 g/684 kcal,
Eiweiß – 20 g/80 kcal.
Lukas' Frühstück enthält 971 kcal.

Wer isst was? — Seite 30

1 Brotverbrauch für eine vierköpfige Familie
- in Deutschland: pro Tag 832 g, pro Woche 5.824 g = 5,824 kg
- in Frankreich: pro Tag 700 g, pro Woche 4.900 g = 4,9 kg
- in Luxemburg: pro Tag 472 g, pro Woche 3.304 g = 3,304 kg

2 Der höchste Verbrauch an Kartoffeln ist in den Niederlanden, an Gemüse in Frankreich, an Obst in Deutschland, an Fleisch in Deutschland.
Eine vierköpfige Familie verbraucht in einem Jahr
- in Deutschland: 308 kg Gemüse und 344 kg Fleisch
- in Frankreich: 476 kg Gemüse und 276 kg Fleisch
- in Italien: 68 kg Gemüse und 224 kg Fleisch

Die Unterschiede ergeben sich durch unterschiedliche Essgewohnheiten.

Seite 31

3 Anzahl der unterernährten Menschen
in Somalia: 4.600.000,
in Äthiopien: 28.100.000,
in der Zentralafrikanischen Republik: 1.200.000,
in Tschad: 800.000.
Alle diese Länder liegen in Afrika.

4 Überschuss an Getreide in USA: 72 Millionen t, in Europa: 24 Millionen t, in Kanada: 26 Millionen t. Mehrbedarf an Getreide in Asien: 47 Millionen t, in Südamerika: 22 Millionen t, in Afrika: 31 Millionen t.
Gesamtüberschuss: 122.000.000 t, Gesamtmehrbedarf: 100.000.000 t.
Es werden 22.000.000 t Getreide jährlich mehr geerntet als gebraucht werden. Der Getreideanbau auf der Nordhalbkugel der Erde reicht, um den armen Ländern im Süden zu helfen.

PAULS ECKE

3 Durch Wasser wird in vielen Ländern die oberste, fruchtbare Bodenschicht abgetragen und fortgespült. Man nennt das Erosion. Pflanzen können nicht mehr wachsen. Aus Ackerland wird schnell unfruchtbare Wüste. Die größte Wüste der Welt, die Wüste Sahara (9 Millionen km^2 groß), ist von Nord nach Süd etwa 1.900 km breit. Die Wüste Sahara dehnt sich jährlich um etwa 50 m nach Süden aus.

Wo liegt die Wüste Sahara? Wie groß ist der Zuwachs der Wüste Sahara im Süden in 100 Jahren, in 200 Jahren, wenn die Wüste so weiter wächst?

in 100 Jahren: ____________________

in 200 Jahren: ____________________

4 Der Fluss Po in Norditalien schwemmt täglich 32.000 t Boden, Sand und Geröll in das adriatische Meer. Suche den Fluss im Atlas. Ein großer LKW kann 20 t transportieren, ein Binnenschiff 1.000 t.

Für den Abtransport des täglich weggeschwemmten Bodens wären

____________ 20-t-Lastwagen oder

____________ 1.000-t-Binnenschiffe notwendig.

5 Der Po ist mit 684 km der längste und der wasserreichste Fluss in Italien. Gegenüber den gewaltigen Strömen in anderen Erdteilen ist er aber klein. Große Flüsse sind:

Name	Länge in km	Lage
Nil	6.671	Afrika
Amazonas	6.437	Südamerika
Jangtsekiang	5.472	Asien
Mississippi	3.778	Nordamerika
Wolga	3.685	Europa
Donau	2.858	Europa

Die Elbe ist mit rund 1.100 km der längste Fluss in Deutschland.

Wie viel mal sind die großen Ströme länger als die Elbe? Runde vorher sinnvoll.

Der Nil ist etwa ______ mal so lang,

der Jangtsekiang ist etwa ______ mal so lang,

der Mississippi ist etwa ______ mal so lang,

die Wolga ist etwa ______ mal so lang,

die Donau ist etwa ______ mal so lang.

Der Wald leidet

1 Der tropische Regenwald ist die „grüne Lunge“ unserer Erde. Seine Gesamtfläche betrug zu Beginn des Jahres 1993 rund 12.000.000 km². Die Hälfte davon lag in Mittel- und Südamerika, ein Drittel in Asien, der Rest gehörte zu Afrika.

Wie groß waren die Regenwaldgebiete in den einzelnen Erdteilen zu Beginn des Jahres 1993

Mittel- und Südamerika: ____________ km²

Asien: ____________ km²

Afrika: ____________ km²

2 Durch Brandrodung und Abholzung werden jährlich große Flächen des Regenwaldes vernichtet. Verluste an Regenwald im Jahr 1993:

Südostasien	20.730 km²
Südasien	885 km²
Südamerika	16.390 km²
Mittelamerika	2.400 km²
Karibik	590 km²
Zentralafrika	4.255 km²
Südafrika	275 km²
Westafrika	200 km²

Berechne die Verluste an Regenwald im Jahr 1993 für jeden Erdteil. Berechne auch den Verlust insgesamt. Die Inseln der Karibik gehören zu Mittelamerika.
Berechne dann, wie viele km² Regenwald in den Erdteilen am Ende des Jahres 1993 noch vorhanden waren und wie groß der Regenwald auf der Erde insgesamt noch war.

Amerika: Verlust ____________ km² – restlicher Regenwald ____________ km²

Asien: Verlust ____________ km² – restlicher Regenwald ____________ km²

Afrika: Verlust ____________ km² – restlicher Regenwald ____________ km²

Gesamtverlust: ____________ km² – restlicher Regenwald insgesamt ____________ km²

3 Die Fläche Deutschlands beträgt rund 357.000 km². Das kleinste Bundesland Bremen ist 404 km² groß, das größte Bundesland Bayern rund 71.000 km².

Vergleiche den Gesamtverlust an Regenwald (1993) mit den Beispielflächen unseres Landes.

4 Der Stadtwald von Mittelkirchen ist insgesamt 2.100 ha groß (1 ha = 10.000 m²). Davon sind 600 ha Fichtenwald und 800 ha Buchenwald, der Rest ist Mischwald. Das Forstamt von Mittelkirchen rechnet mit etwa 800 Fichten pro Hektar. Auf einem Hektar Buchenwald stehen ungefähr 600 Buchen.

Weißt du, was Mischwald ist? Erkundige dich. Rechne aus, wie groß die Mischwaldfläche in Mittelkirchen ist.
Zeichne für den Stadtwald von Mittelkirchen ein Streifenschaubild in dein Heft. Der Gesamtstreifen soll 10,5 cm lang und 2 cm breit sein. 1mm soll immer 20 ha bedeuten.

Schreibe hier zuerst die Länge der einzelnen Abschnitte auf:

Stadtwald 105 mm,

Fichtenwald ________ mm,

Buchenwald ________ mm,

Mischwald ________ mm.

Berechne die ungefähre Anzahl der Bäume im Fichten- und im Buchenwald.

Im Fichtenwald stehen etwa ________ Bäume,

im Buchenwald etwa ________ Bäume.

5 Auch in Mittelkirchen wird Wald durch Luftverschmutzung und schädliche Insekten zerstört. Im Fichtenbestand ist etwa ein Drittel der Bäume geschädigt, im Buchenwald stehen etwa auf der Hälfte der Fläche kranke Bäume.

Rechne aus, wie viele Fichten und wie viele Buchen im Mittelkirchener Stadtwald geschädigt sind.
Runde sinnvoll, wenn es erforderlich ist.

Kranke Fichten: ________

Kranke Buchen: ________

Erkundige dich, welche Ursachen für die Schäden an den Bäumen vermutet werden.

Sonne und Wetter

1 Die Sonne spendet uns jeden Tag Wärme und Licht. Die Sonne macht auch unser Wetter. Sonnenaufgang und Sonnenuntergang bestimmen die Länge eines Tages. In vielen Tageskalendern werden für jeden Tag die Zeiten des Sonnenaufgangs und des Sonnenuntergangs angegeben. Wenn du das weißt, kannst du für jeden Tag die Tageslänge berechnen.

Hier sind die Zeiten für die Anfangstage der Jahreszeiten in Frankfurt am Main:

		Sonnenaufgang (SA)	Sonnenuntergang (SU)
21. Dezember	(Winteranfang)	08.25 Uhr	16.16 Uhr
21. Juni	(Sommeranfang)	05.05 Uhr	21.42 Uhr
21. März	(Frühlingsanfang)	06.24 Uhr	18.36 Uhr
21. September	(Herbstanfang)	07.09 Uhr	19.19 Uhr

Berechne die Länge der angegebenen Tage in Stunden (h) und Minuten (min).

Frühlingsanfang	Sommeranfang	Herbstanfang	Winteranfang
____ h ____ min	____ h ____ min	____ h ____ min	____ h ____ min

2 Am letzten Sonntag im März werden die Uhren eine Stunde vor auf Sommerzeit umgestellt. Sonnenaufgang und Sonnenuntergang sind am Sommeranfang und am Herbstanfang jeweils um eine Stunde verschoben. Am letzten Sonntag im Oktober werden die Uhren wieder zurückgestellt.

Wie heißen die wirklichen Zeiten?

Sommeranfang

SA: ________ Uhr SU: ________ Uhr

Herbstanfang

SA: ________ Uhr SU: ________ Uhr

Ändert sich dadurch etwas an der Tageslänge? Kreuze hier an: ja ◯ manchmal ◯ nein ◯

3 Die Sonne scheint in den Ländern im Süden Europas öfter als im Norden. Es gibt dort mehr Tage mit Sonnenschein. Das Schaubild zeigt die jährliche Sonnenscheindauer (in Stunden) in einigen Ländern in Europa.

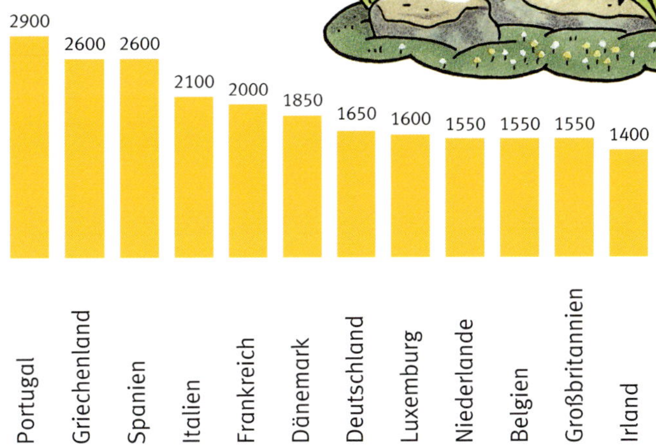

In ______________________________
scheint die Sonne am meisten,

in ______________________________
am wenigsten. Kannst du dir das erklären?

Wie groß ist die Sonnenscheindauer dieser 12 Länder im Durchschnitt?
Dazu musst du zuerst die Sonnenstunden aller Länder zusammenzählen.
Die Summe musst du durch 12 teilen. Runde dann.

Summe aller Sonnenstunden: ______________________________

Durchschnittliche Sonnenscheindauer: ______________________________

Welche 3 Länder kommen der durchschnittlichen Sonnenscheindauer am nächsten?

____

4 In dieser Tabelle steht für 4 Städte in Deutschland für jede Jahreszeit die durchschnittliche Tagestemperatur in Grad Celsius.

Ort	Frühling	Sommer	Herbst	Winter
Hamburg	7	16	9	1
Magdeburg	9	18	10	0
Köln	10	19	11	3
Mannheim	11	19	11	2

Suche die Städte auf einer Landkarte.
Rechne für jeden Ort die durchschnittliche Temperatur des Jahres aus. Addiere dazu die vier Zahlen für einen Ort und teile durch 4.
Dann runden. Kannst du für jede Stadt auch eine Temperaturkurve zeichen?
Probiere es.

Hamburg: ______________

Magdeburg: ______________

Köln: ______________

Mannheim: ______________

Von Regen und Wind

1 Niederschlag ist nicht immer nur Regen. Er kommt in verschiedenen Formen vor: als Regen, Schnee, Hagel, Nebel, Tau und als Reif. Mit einem Regenmesser wird der Niederschlag gemessen. Wenn 1 Liter Wasser auf eine Fläche von 1 Quadratmeter niedergeht, steht das Wasser im Regenmesser 1 mm hoch. Niederschlag wird also in Millimeter gemessen. 1 mm entspricht 1 Liter.

In der vergangenen Nacht hat es 5 mm Niederschlag gegeben. Der Garten ist 240 m^2 groß. Wie viele Liter Regenwasser sind im Garten niedergegangen?

5 mm entsprechen ___ Liter Regenwasser.

Im Garten sind ___ Liter Regenwasser gefallen.

Neben dem Garten steht eine Garage.
Ihr Flachdach ist 7 m lang und 3,50 m breit.
Das Wasser, das auf das Garagendach fällt, wird in eine Regentonne geleitet.
Die Regentonne fasst 200 Liter. Hat die Regentonne für den nächtlichen Regen ausgereicht?

Fläche des Garagendachs: ______ m^2

Regenmenge: ______ Liter

2 In Südasien strömt fast die gesamte Jahresmenge an Regen von Mitte Mai bis Mitte September vom Himmel. In den übrigen Monaten herrscht Trockenheit.
In Indien fallen in diesen Monaten zwischen 1.250 (Nordindien) und 2.500 mm (Südindien) Niederschlag, in einigen Gebieten von Bangladesh sind es sogar über 2.500 mm.

Der meiste Regen überhaupt fällt auf der Insel Hawaii. Dort werden jährlich im Durchschnitt 11.700 mm gemessen.

Suche Indien und Hawaii im Atlas.
Ein Eimer fasst 10 Liter. Wie viele Eimer könnte man mit dem Regenwasser füllen, das in Südasien und in Hawaii auf einen Quadratmeter fällt?

Nordindien: ______ Eimer

Südindien: ______ Eimer

Bangladesh: ______ Eimer

Hawaii: ______ Eimer

3 Wind erfrischt uns manchmal. Wind kann uns aber auch als Sturm erschrecken und oft große Schäden anrichten. An der Küste führen sie zu Sturmfluten und manchmal zu Überflutungen. Im Binnenland entwurzeln sie Bäume und decken Dächer ab. Noch schlimmer sind schwere Orkane, in Mittelamerika heißen sie Hurrikans, in Ostasien nennt man sie Taifune.

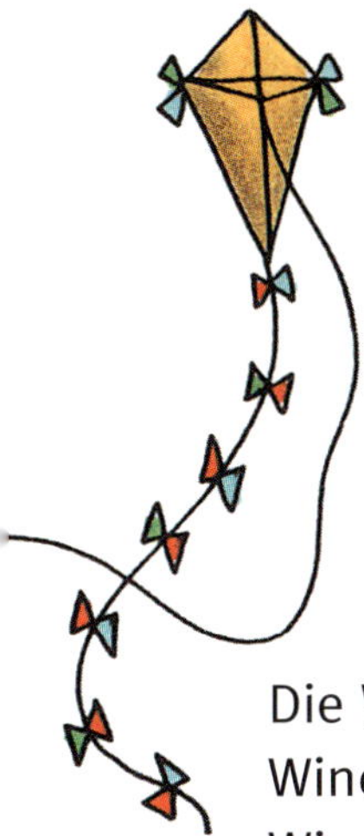

Die Wetterkundler messen die Stärke des Windes nach einer zwölfteiligen Skala in Windstärken. Sie geben in Meter pro Sekunde (m/sec) an, wie schnell der Wind über das Land braust. In der Tabelle sind einige Beispiele beschrieben:

Windstärke	Bezeichnung	mittlere Geschwindigkeit in m/sec	Geschwindigkeit in km/h
3	schwache Brise	4 m/sec	
5	frische Brise	9 m/sec	
7	steifer Wind	15 m/sec	
9	Sturm	22 m/sec	
11	orkanartiger Sturm	30 m/sec	
12	Orkan	über 32 m/sec	

Um die Windstärken in Kilometer pro Stunde (km/h) anzugeben, musst du die Angaben für eine Stunde umrechnen: 1 Minute = 60 Sekunden; 1 Stunde = 60 Minuten = 3.600 Sekunden. Du musst also die Windgeschwindigkeit mit 3.600 multiplizieren: 4 m/sec · 3.600 = 14.400 m/h. Nun wandelst du in Kilometer um: 14.400 m/h = 14,4 km/h. Rechne die oben angegebenen Windstärken in Kilometer/Stunde um und trage die Werte in die Tabelle ein.

Zum Vergleich: Fußgänger: 4 km/h, Radfahrer: 12 – 15 km/h, Auto: 30 – 100 km/h

Bei Bauer Feldmann

1 Herr Feldmann ist Landwirt. Feldmanns Bauernhof hat eine Flächengröße von 82 ha. Das ist schon ein ziemlich großer Hof (1 ha = 10.000 m²; das ist eine Fläche von 100 m Länge und 100 m Breite).
Die Hälfte der Hoffläche ist Ackerland für den Anbau von Getreide. Kartoffeln und Futterrüben, sogenannte Hackfrüchte, werden auf einer Fläche von 14 ha angebaut. Für die Gebäude auf dem Hof, für den Gemüsegarten, für die Obstwiese hinter dem Haus und für die Wege werden insgesamt 4 ha Fläche gebraucht. Der Rest sind Wiesen und Weiden für die Rinder und Schweine.

So sieht die Flächenverteilung auf Feldmanns Hof aus:

Gesamtfläche: ______ ha Getreide: ______ ha Hackfrüchte: ______ ha

Wiesen und Weiden: ______ ha Gebäude, Gärten, Wege: ______ ha

Zeichne zur Flächenverteilung ein Streifenschaubild.
Wenn du für 1 Hektar 2 mm berechnest, wird der Streifen ______ mm = ______ cm lang.

Zeichne den Streifen 2 cm breit. So lang werden die einzelnen Flächen:

Getreide: ______ mm Wiesen, Weiden: ______ mm

Hackfrüchte: ______ mm Gebäude usw.: ______ mm

2 Bauer Feldmann züchtet auch Rinder und Schweine. Zu seiner Rinderherde gehören insgesamt 38 Tiere, darunter 2 Zuchtstiere und 16 Milchkühe. Die übrigen Rinder sind Jungtiere, von denen Bauer Feldmann immer 8 Färsen (Jungkühe) behält. Die übrigen werden nach einem Jahr verkauft.

Bauer Feldmann hat insgesamt 2 Zuchtstiere, 16 Milchkühe und _______ Jungrinder.

Auf dem Herbstmarkt in der Kreisstadt verkauft er _______ Jungrinder.
Eine Milchkuh gibt im Durchschnitt 16 Liter Milch. Sie kann an 280 bis 300 Tagen im Jahr gemolken werden. Mit so viel Liter Milch kann Bauer Feldmann durchschnittlich rechnen:

an einem Tag: _______ Liter, in einer Woche: _______ Liter, in einem Monat: _______ Liter

3 Frau Feldmann schreibt täglich das Melkergebnis ihrer 8 besten Milchkühe auf, das weit über dem Durchschnitt liegt. Hier ist das Ergebnis eines kühlen Sommertages (in Litern):

Milchkuh Nr.	1	2	3	4	5	6	7	8
morgens	12	11	13	14	15	12	15	13
abends	8	10	9	9	10	12	11	9
Tagesdurchschnitt								

Berechne für jede Kuh den Tagesdurchschnitt und trage ihn in die Tabelle ein.

Insgesamt haben die Milchkühe an diesem Sommertag _______ Liter Milch erbracht.

4 Ein ausgewachsenes Rind wiegt zwischen 500 und 700 kg. Es muss täglich etwa ein Zehntel seines Gewichts als Nahrung aufnehmen. Im Sommer frisst es auf der Weide. Im Winter (1. November bis 31. März) muss es mit Heu, Rüben und Gärfutter ernährt werden.

Eine Milchkuh mit einem Gewicht von 600 kg braucht täglich _______ kg Futter. Für diese Kuh müssen für einen Winter insgesamt _______ kg Heu, Rüben und Gärfutter in Vorrat gehalten werden. Erkundige dich, was Gärfutter ist.

Vom Acker auf den Tisch

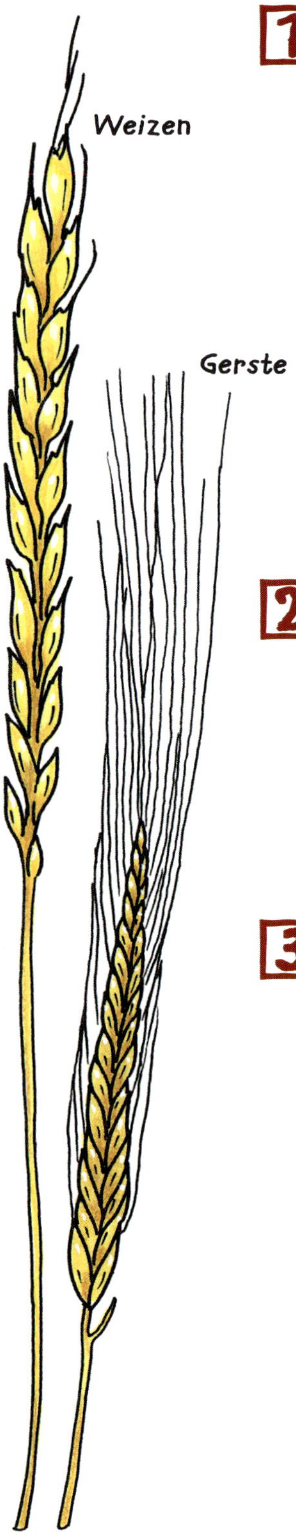

1 Aus Roggen wird dunkles Brot gebacken. In einer Roggenähre reifen etwa 40 Körner Roggen. Auf einem Quadratmeter wachsen im Durchschnitt 400 Roggenähren. Das ergibt etwa 500 g Roggen. Für 1 kg Roggenbrot braucht man das Mehl aus 1 kg Roggen.

Für 1 kg Roggenbrot braucht man ________ Roggenähren.

Diese Ähren stehen auf einer Fläche von ________ m^2. Auf einer Fläche von 1 Hektar stehen ungefähr ________ Roggenähren.

Aus ihnen kann man ungefähr ________ Roggenbrote von 1 kg Gewicht backen.

2 Niedersachsen ist ein Getreideland. Auf rund 962.000 ha stehen Getreidefelder. Und so ist diese Fläche aufgeteilt: Weizen: 317.000 ha, Roggen: 160.000 ha, Gerste: 301.000 ha, Hafer: 38.000 ha, neue Getreidesorten: 65.000 ha. Auf der restlichen Fläche wird Mais angebaut.

Die Fläche für den Maisanbau ist ____________ ha groß.

3 Auf 1 Hektar Getreideland werden durchschnittlich die folgenden Mengen geerntet (in Doppelzentnern: 1 dz = 100 kg):

Weizen: 70 dz, Roggen: 47 dz, Gerste: 61 dz,
Hafer: 32 dz, Mais: 63 dz.

Im nächsten Jahr will Bauer Feldmann seine Getreidefläche so einteilen: 12 ha für Weizen, 10 ha für Gerste, 9 ha für Mais, 7 ha für Roggen und 4 ha für Hafer.

Berechne, welche Getreidemengen Bauer Feldmann von den einzelnen Sorten ernten kann.

Weizen: ________ dz   Roggen: ________ dz

Gerste: ________ dz   Hafer: ________ dz

Mais: ________ dz

4 Durch moderne Maschinen schafft ein Bauer heute viel mehr als früher. Im Jahr 1950 konnte ein Landwirt 10 Menschen ernähren. Heute können von der Arbeit eines Bauern 104 Menschen ernährt werden. In Deutschland gab es 1996 etwa 520.000 landwirtschaftliche Betriebe. Im Jahr 1950 gab es noch 1.500.000 Bauernhöfe in Deutschland.

Rechne aus, wie viele Menschen die Bauern 1950 ernährt haben: ________ Menschen

und wie viele Menschen 1996 mit Nahrung versorgt werden können: ________ Menschen

5 Das brachte 1 Liter Milch dem Bauern ein (alle Preise umgerechnet in Euro):

1980	1985	1990	1995	2000
0,29 €	0,31 €	0,31 €	0,27 €	0,29 €

Das musste der Verbraucher für 1 Liter Milch bezahlen:

1980	1985	1990	1995	2000
0,54 €	0,55 €	0,61 €	0,61 €	0,58 €

Berechne den Unterschied zwischen dem Verbrauchspreis und dem Preis, den der Bauer für die Milch bekommt.

1980	1985	1990	1995	2000
________	________	________	________	________

Kannst du dir die Unterschiede erklären?

6 Berechne, wie viel Geld Bauer Feldmann an dem Sommertag 2000 (siehe Seite 25) für die Milch seiner besten Milchkühe eingenommen hat.

Es waren insgesamt ____________ €. Trage hier den Tagesbetrag für jede Kuh ein:

Milchkuh Nr.	1	2	3	4	5	6	7	8
Ertrag an einem Tag (in Euro)	____	____	____	____	____	____	____	____

Guten Appetit!

Alle Lebensmittel, die wir täglich essen und trinken, bestehen aus drei wichtigen Nährstoffen, aus Kohlehydraten, Eiweiß, Fett, und aus Ballaststoffen. Alle vier und eine genügende Menge Flüssigkeit braucht unser Körper jeden Tag. Zu einer gesunden Ernährung gehören aber auch Vitamine und Mineralstoffe. Sie sind in vielen Lebensmitteln enthalten, die du auf dieser Seite siehst.

1 Diese Tabelle gibt für einige Lebensmittel den Anteil an Nähr- und Balaststoffen in Gramm an. Was an 100 g fehlt, ist hauptsächlich Wasser.

Nahrungsmittel	100 g des Nahrungsmittels enthalten (in Gramm)				
	Fett	Kohlehydrate	Eiweiß	Ballaststoffe	Wasser
Roggenmischbrot	1	44	6	6	______
Brötchen	2	56	8	3	______
Cornflakes	1	83	7	3	______
Vollmilch	4	5	3	0	______
Fruchtjogurt	3	16	4	1	______
Butter	83	0	1	0	______
Banane	0	20	1	2	______

Trage für jedes Lebensmittel den Anteil Wasser in die Tabelle ein.

Die meisten Lebensmittel wiegen mehr als 100 g, wenn man sie kauft. Berechne die Anteile für

	1 kg Roggenmischbrot:	500 g Cornflakes:	250 g Butter:
Fett	______ g	______ g	______ g
Kohlehydrate	______ g	______ g	______ g
Eiweiß	______ g	______ g	______ g
Ballaststoffe	______ g	______ g	______ g

PAULS ECKE

2

Die tägliche Nahrung verschafft uns die Energie, die wir zum Leben brauchen. Die Energie, die in den Lebensmitteln steckt, nennt man auch ihren Nährwert. Dieser Nährwert wird in Kilokalorien (kcal) oder Kilojoule (kJ) gemessen. Ein Junge oder Mädchen in deinem Alter braucht täglich 2.000 bis 2.100 kcal.

1 g Kohlehydrate hat einen Nährwert von 4 kcal.
1 g Fett hat einen Nährwert von 9 kcal.
1 g Eiweiß hat einen Nährwert von 4 kcal.
Ballaststoffe haben keinen Nährwert. Sie liefern dem Körper keine Energie.

Julia isst am Freitag zum Frühstück: 2 Brötchen (100 g), Butter (25 g), Cornflakes (150 g). Dazu trinkt sie ein Glas Vollmilch (200 g). Zum Abschluss isst sie eine Banane (80 g).

Lukas isst zum Frühstück Cornflakes (150 g), eine Scheibe Roggenmischbrot (50 g) mit Butter (20 g) und einen Fruchtjogurt (150 g). Dazu trinkt er Früchtetee.

Wie viele Nährstoffe enthält das Frühstück von Julia und Lukas? Berechne auch den Nährwert in Kilokalorien (kcal).

	Julia:		Lukas:	
Fett	____ g	____ kcal	____ g	____ kcal
Kohlehydrate	____ g	____ kcal	____ g	____ kcal
Eiweiß	____ g	____ kcal	____ g	____ kcal
Nährwert insgesamt	____ g	____ kcal	____ g	____ kcal

Wie sieht dein Frühstück aus?

Wer isst was?

1 Das meiste Brot wird in unserem Land gegessen. Jeder Deutsche isst täglich im Durchschnitt 208 g Brot. Ein Franzose verzehrt täglich 175 g Brot. Am wenigsten Brot in Europa isst man in Luxemburg, nämlich durchschnittlich nur 118 g am Tag.

Dies ist im Durchschnitt der Brotverbrauch für eine Familie von vier Personen:

in Deutschland pro Tag: ________ g pro Woche: ________ g

in Frankreich pro Tag: ________ g pro Woche: ________ g

in Luxemburg pro Tag: ________ g pro Woche: ________ g

2 Auch Obst, Gemüse und Fleisch wird in unseren Nachbarländern zu anderen Anteilen gegessen als bei uns. Schau dir die Tabelle an, die Angaben zeigen den jährlichen Verbrauch pro Einwohner in kg:

	Kartoffeln	Gemüse	Obst	Fleisch
Deutschland	72	77	94	86
Dänemark	65	77	47	81
Frankreich	74	119	55	69
Niederlande	89	104	61	64
Italien	42	17	74	56

In welchem Land ist der höchste Verbrauch pro Einwohner an:

Kartoffeln: ____________________ Gemüse: ____________________

Obst: ____________________ Fleisch: ____________________

Vergleiche mit dem niedrigsten Verbrauch. Wie erklärst du dir die Unterschiede?

Berechne nun den jährlichen Verbrauch einer vierköpfigen Familie an Gemüse und Fleisch in:

	Deutschland	Frankreich	Italien
Gemüse	________	________	________
Fleisch	________	________	________

Den meisten Käse in Europa essen übrigens die Griechen, nämlich täglich 63 g, den wenigsten die Spanier mit 14 g. Die Deutschen bringen es auf 41 g pro Kopf.

3 Ein erwachsener Mensch benötigt täglich Nahrung mit einem Nährwert von mindestens 2.400 kcal. Menschen, die über längere Zeit weniger als 1.700 bis 1.960 kcal am Tag zur Verfügung haben, sind unterernährt. Im Jahr 1996 waren etwa 840 Millionen Menschen in 88 Staaten unserer Erde dauerhaft unterernährt. Dazu gehörten auch diese Länder:

Staat	**Somalia**	**Äthiopien**	**Zentral-afrikanische Republik**	**Tschad**
Einwohner	6.400.000	56.200.000	1.900.000	2.100.000
Menschen mit ausreichender Ernährung	1.800.000	etwa die Hälfte	700.000	1.300.000
Unterernährte Menschen	________	________	________	________

Fülle die Tabelle vollständig aus. In welchem Erdteil liegen diese Länder?

4 In diesen Tabellen kannst du die jährliche Getreideernte und den jährlichen Verbrauch an Getreide für einige Regionen ablesen. Das meiste Getreide wird im Norden unserer Erde angebaut. Am meisten Getreide verbraucht wird auf der Südhalbkugel.

	USA	**Europa**	**Kanada**	**Asien**	**Südamerika**	**Afrika**
Jährliche Getreideernte (in Millionen t)	355	163	47	123	115	112
jährlicher Verbrauch (in Millionen t)	283	139	21	170	137	143
Überschuss	______	______	______			
Mehrbedarf				______	______	______

Berechne den Überschuss und den Mehrbedarf und trage es in die Tabelle ein.

Gesamtüberschuss: ______________________ Mill. t

Gesamtmehrbedarf: ______________________ Mill. t

Unterschied: ______________________ Mill. t

Reicht der Getreideanbau auf der Nordhalbkugel? Ja ◯ Nein ◯

PAULS SEITE

WUPPS UND WANDA

als Detektive